有 本

岳鹏设计作品集

岳鹏　著

天津出版传媒集团

天津杨柳青画社

图书在版编目（ＣＩＰ）数据

有本 : 岳鹏设计作品集 / 岳鹏著. -- 天津 : 天津杨柳青画社，2024.1
ISBN 978-7-5547-1156-9

Ⅰ. ①有… Ⅱ. ①岳… Ⅲ. ①空间－建筑设计－作品集－中国－现代 Ⅳ. ①TU206

中国国家版本馆CIP数据核字(2023)第213990号

岳　鹏

汉族,1987年12月生,江苏徐州人,硕士研究生，副教授，英国南兰克郡学院访问学者，江苏省第十一批援疆干部人才，新疆伊犁州职业教育专家库成员。本硕连读毕业于湖南师范大学美术学院，曾任教于三亚学院艺术学院，现任教于江苏建筑职业技术学院。指导学生获全国职业院校技能大赛建筑装饰技术应用赛项一等奖，在2022年全国职业院校技能大赛（高职组）建筑装饰技术应用赛项比赛中荣获优秀指导教师奖。

中国建筑学会室内设计分会会员、江苏省室内设计学会会员，获评江苏省"80后"优秀室内设计师。

兼任徐州美尔瑞家装饰工程有限公司、湖南栖川设计咨询有限公司设计总监。

有本 岳鹏设计作品集
YOUBEN YUEPENG SHEJI ZUOPINJI

出 版 人：刘　岳
策划编辑：董玉飞　魏肖云
责任编辑：刘奇卉
责任校对：管博园
美术编辑：司佳祺　项兴明
出版发行：天津杨柳青画社
社　　址：天津市河西区佟楼三合里 111 号
邮　　编：300074
编辑部电话：(022)28379185
印　　刷：朗翔印刷（天津）有限公司
开　　本：889 毫米×1194 毫米 1/16
版　　次：2024 年 1 月第 1 版
印　　次：2024 年 1 月第 1 次印刷
印　　张：12.5
字　　数：110 千字
书　　号：ISBN 978-7-5547-1156-9

定　　价：168.00 元

序

　　建筑装饰工程技术专业群是江苏建筑职业技术学院的双高建设专业群，本书是中国特色高水平专业群——建筑装饰工程技术专业群建设资助成果之一。本书作者为室内设计专业的学生或行业入门者提供了一本图文并茂、欣赏性与知识性并重的专业作品集读物。

　　整体上看，该书具有结构条理清晰、内容翔实、选材细致、编排用心的特点，语言通俗易懂，具有实操性。从专业视角来看，作品集的呈现遵循"图纸清晰、设计规范、案例典型、表现充分"的基本要求，案例选择注重实用性，以实际项目为载体，对室内设计的基本属性——空间、功能、界面、色调、材质、光影、质感的表达清晰到位，体现应有的技术水准与专业素养。项目类型多元，设计案例非常注重空间品质的塑造，是对住宅、商业、餐饮、娱乐等室内环境设计的深入探讨；项目阐述简洁明快、重点突出，体现作者对设计思维的提炼。以上特性对建筑装饰及室内设计专业学生具有很好的示范和引导作用。

　　就技术技能层面来看，优秀项目案例的完整呈现涉及表达技术的熟练运用；就设计过程层面来讲，优秀项目案例的呈现需要多重专业能力的累积与支持，包括对人体工学与尺度关系的熟稔、功能需求与情感需求的敏思、公共空间与社会属性的解读，对声、光、热等物理环境的关注，对氛围、意境等心理环境的敏思以及对文化内涵与美学价值的追求。

　　具有建筑类学科、艺术设计类学科、环境设计类学科等不同属性的室内设计专业不仅应用于有限界面围合的室内空间，同样具备一定的外延广度，具有在有限空间和有限条件内反映历史文脉、人文关怀、科技趋向、时代审美、美学意境等因素的多重特质。而今天或未来的设计师需要站在时代前沿，关注新材料、新工艺、新技术、新风尚，拥有对未来设计发展的敏锐观察、深刻思索和展望预测能力。成果的推出能引导学生以严谨的态度夯实专业基础技能与提高理论素养，以创新和创造的精神锤炼设计思维，以脚踏实地的专业实践提升业务水平，以宏观的视野吸收先进的思想与设计理念。

金濡欣

癸卯夏月于海滨日照

（作者系江苏省美学学会会员，徐州市文艺评论家协会副秘书长）

前言

    本作品集主要内容为笔者多年从事建筑室内装饰设计实践案例作品，包括商业空间设计、酒店餐饮空间设计、居住空间设计等项目案例。诸多不同空间类型的设计案例为学生的设计研究与借鉴提供了很好的范例，也可以为建筑室内设计相关从业人员提供参考。

    由于笔者具有多年的设计实践经验与丰富的教学心得，因而所写内容对学生的室内创意设计实践与创新具有切实的指导作用。

目录

商业空间设计项目

◎ 海航地产陵水 YOHO 湾项目售楼处 1 — 9

项目地址：海南陵水

设计时间：2014 年 10 月

本项目位于海南省陵水县 , 项目面积为 800m²，项目位置在热带季风气候区，全年气候比较炎热。故本空间方案设计主要材料选用浅色木饰面、木纹大理石、米白色石材等装饰材料，这些材料纹理美观，且安全、卫生，方便清洁保养。同时，这些材料的搭配营造出一种舒适且放松的空间氛围，能增强售楼处的吸引力，使客户较容易产生一种愿意停留驻足的情感。

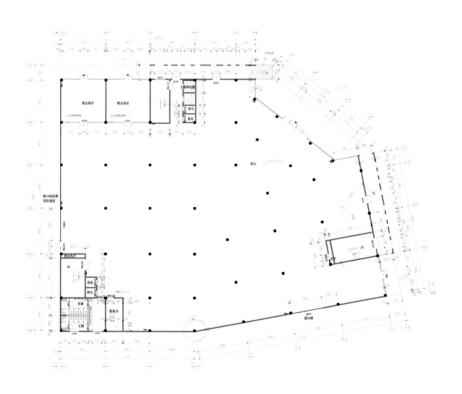

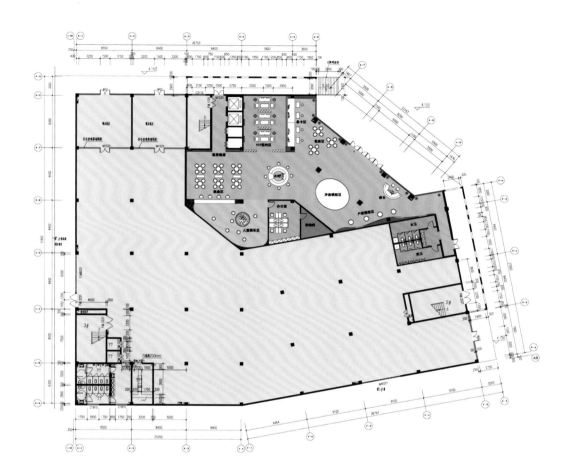

海航地产陵水 YOHO 湾项目售楼处1

项目地址：海南陵水

设计时间：2014 年 10 月

项目面积：800 ㎡

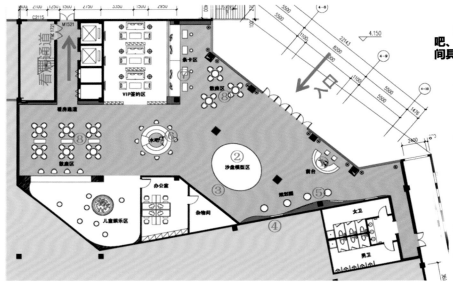

大厅区域包括散座区、条卡区、水吧、沙盘模型区、户型模型区等，使空间具有多层次观赏感。

① **前台**:供销售人员办公休息。

② **沙盘模型区**

③ **LED发光二极管**:集团及项目宣传VCR盒式磁带录像机。

④ **墙体**:项目规划图及集团品牌墙。

⑤ **户型模型区**

⑥ **水吧**:本区域亮点所在。水吧区设置在大厅中心区域，可以拥有较好的服务半径，同时在视觉上也形成了重点视线区域，更好地营造出售楼处整体的舒适高雅的空间氛围，打破常规售楼处冰冷的商业气息。

⑦ **条卡区**:提供ipad(平板电脑)供客户等候休息。

⑧ **散座区**:供客人休息。

海航地产陵水 YOHO 湾项目售楼处2

项目地址：海南陵水

设计时间：2014 年 10 月

项目面积：800 ㎡

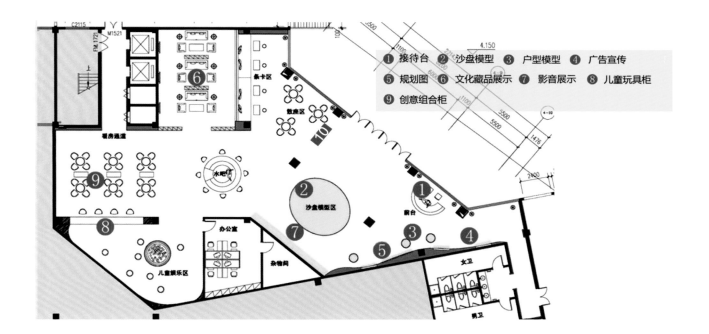

① 接待台　② 沙盘模型　③ 户型模型　④ 广告宣传
⑤ 规划图　⑥ 文化藏品展示　⑦ 影音展示　⑧ 儿童玩具柜
⑨ 创意组合柜

海航地产陵水 YOHO 湾项目售楼处3

项目地址：海南陵水

设计时间：2014 年 10 月

项目面积：800 ㎡

海航地产陵水 YOHO 湾项目售楼处4

项目地址： 海南陵水

设计时间： 2014 年 10 月

项目面积： 800 ㎡

海航地产陵水 YOHO 湾项目售楼处5

项目地址：海南陵水

设计时间：2014 年 10 月

项目面积：800 ㎡

海航地产陵水 YOHO 湾项目售楼处6

项目地址：海南陵水

设计时间：2014 年 10 月

项目面积：800 ㎡

海航地产陵水 YOHO 湾项目售楼处7

项目地址：海南陵水

设计时间：2014 年 10 月

项目面积：800 ㎡

海航地产陵水 YOHO 湾项目售楼处8

项目地址：海南陵水

设计时间：2014 年 10 月

项目面积：800 ㎡

海航地产陵水 YOHO 湾项目售楼处9

项目地址：海南陵水

设计时间：2014 年 10 月

项目面积：800 ㎡

◎圆梦影坊 1—3

项目地址：江苏徐州

设计时间：2012 年 1 月

本项目位于江苏省徐州市，项目面积约为 500m²，为两层建筑空间。方案设计以暖色调为主，用以烘托浪漫温暖的氛围，造型以"点光源"为主，寓意恋人之间点点滴滴的爱情故事。

圆梦影坊1

项目地址：江苏徐州

设计时间：2012 年 1 月

项目面积：500 m²

圆梦影坊2

项目地址：江苏徐州

设计时间：2012 年 1 月

项目面积：500 ㎡

圆梦影坊3

项目地址：江苏徐州

设计时间：2012 年 1 月

项目面积：500 ㎡

◎泓廷养生会所 1—6

项目地址：湖南株洲

设计时间：2012 年 12 月

本项目位于湖南省株洲市，项目面积约为 1000m²。整个室内空间方案的设计是想让来到这里的宾客释放压力、缓解疲劳，同时让奔波忙碌的宾客在这里净化心灵、彻底放松。

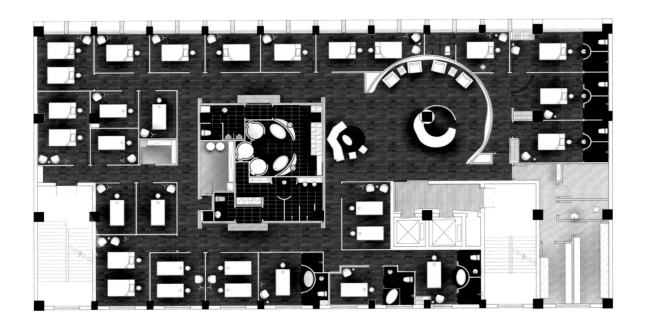

泓廷养生会所1

项目地址：湖南株洲

设计时间：2012 年 12 月

项目面积：1000 ㎡

泓廷养生会所2

项目地址：湖南株洲

设计时间：2012 年 12 月

项目面积：1000 ㎡

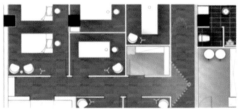

泓廷养生会所3

项目地址：湖南株洲

设计时间：2012 年 12 月

项目面积：1000 ㎡

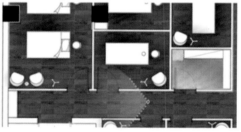

泓廷养生会所4

项目地址：湖南株洲

设计时间：2012 年 12 月

项目面积：1000 ㎡

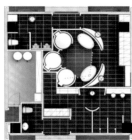

泓廷养生会所5

项目地址：湖南株洲

设计时间：2012 年 12 月

项目面积：1000 ㎡

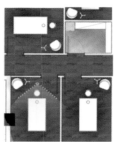

泓廷养生会所6

项目地址：湖南株洲

设计时间：2012 年 12 月

项目面积：1000 ㎡

◎ WEGYMER·长沙尚鑫海悦馆 1—18

项目地址：湖南长沙

设计时间：2021 年 12 月

本项目位于湖南省长沙市，项目面积约为 1000m²。从未停止探寻，我们想还原健身本该有的轻松状态，健身或许并不止汗流浃背的一面。不仅是运动本身，更是健康的生活方式，我们向"美"发起共同追求。

无穷尽的"时间"流转，给予我们取之不竭的灵感。以艺术与运动为主题，设计团队从时间中提取数字灵感，计时、倒数、暂停、轮转……时间循环往复的无形语言，刻画在肌体线条的深浅之中。空间呼应行动，而先于行动的是想象力。

进门初始，圆周镜面吊顶与时间环灯的组合，将视觉无限延伸，以诠释时间的遐想空间，让运动与艺术相结合的理念得以进行可视化传达。以主题色红色为出发点，结合空间设计的表现，创造一个激情澎湃的健身环境。材质与色块间的分隔与组合，将动线明晰在空间分布中，通透的光学美感，凸显纯净的视觉效果，重构空间的仪式感属性。

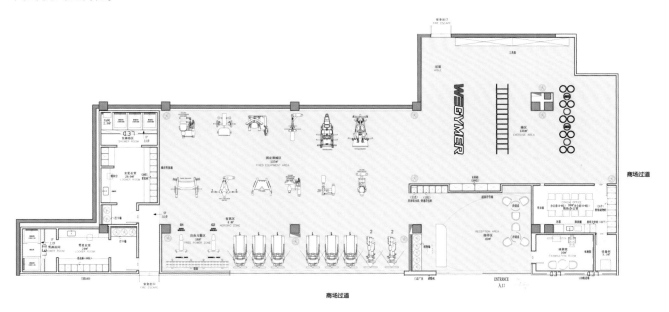

WEGYMER·长沙尚鑫海悦馆1

项目地址：湖南长沙

设计时间：2021 年 12 月

项目面积：1000 ㎡

WEGYMER・长沙尚鑫海悦馆2

项目地址：湖南长沙

设计时间：2021 年 12 月

项目面积：1000 ㎡

WEGYMER・长沙尚鑫海悦馆3

项目地址： 湖南长沙

设计时间： 2021 年 12 月

项目面积： 1000 ㎡

WEGYMER · 长沙尚鑫海悦馆4

项目地址：湖南长沙

设计时间：2021 年 12 月

项目面积：1000 ㎡

WEGYMER · 长沙尚鑫海悦馆5

项目地址：湖南长沙

设计时间：2021 年 12 月

项目面积：1000 ㎡

WEGYMER · 长沙尚鑫海悦馆6

项目地址：湖南长沙

设计时间：2021 年 12 月

项目面积：1000 ㎡

WEGYMER · 长沙尚鑫海悦馆7

项目地址：湖南长沙

设计时间：2021 年 12 月

项目面积：1000 ㎡

WEGYMER · 长沙尚鑫海悦馆8

项目地址：湖南长沙

设计时间：2021 年 12 月

项目面积：1000 ㎡

WEGYMER・长沙尚鑫海悦馆9

项目地址：湖南长沙

设计时间：2021 年 12 月

项目面积：1000 ㎡

WEGYMER·长沙尚鑫海悦馆10

项目地址：湖南长沙

设计时间：2021 年 12 月

项目面积：1000 ㎡

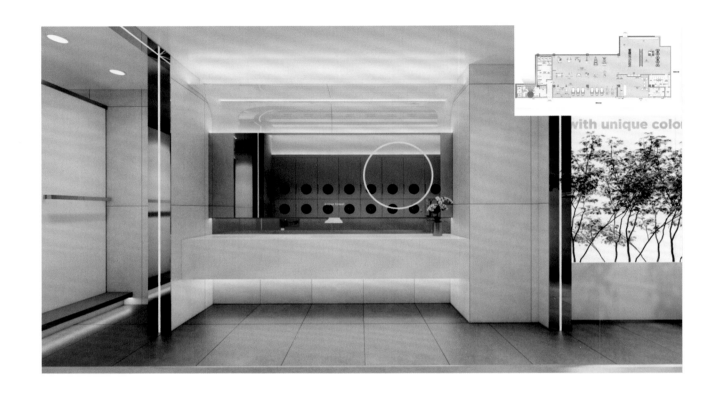

WEGYMER · 长沙尚鑫海悦馆11

项目地址：湖南长沙

设计时间：2021 年 12 月

项目面积：1000 ㎡

WEGYMER · 长沙尚鑫海悦馆12

项目地址：湖南长沙

设计时间：2021 年 12 月

项目面积：1000 ㎡

WEGYMER·长沙尚鑫海悦馆13

项目地址：湖南长沙

设计时间：2021 年 12 月

项目面积：1000 ㎡

WEGYMER · 长沙尚鑫海悦馆14

项目地址：湖南长沙

设计时间：2021 年 12 月

项目面积：1000 ㎡

WEGYMER · 长沙尚鑫海悦馆15

项目地址：湖南长沙

设计时间：2021 年 12 月

项目面积：1000 ㎡

WEGYMER·长沙尚鑫海悦馆16

项目地址：湖南长沙

设计时间：2021 年 12 月

项目面积：1000 ㎡

WEGYMER · 长沙尚鑫海悦馆17

项目地址：湖南长沙

设计时间：2021 年 12 月

项目面积：1000 ㎡

WEGYMER·长沙尚鑫海悦馆18

项目地址：湖南长沙

设计时间：2021 年 12 月

项目面积：1000 ㎡

◎WEGYMER·长沙天翼花园馆 1—18

项目地址：湖南长沙

设计时间：2022 年 3 月

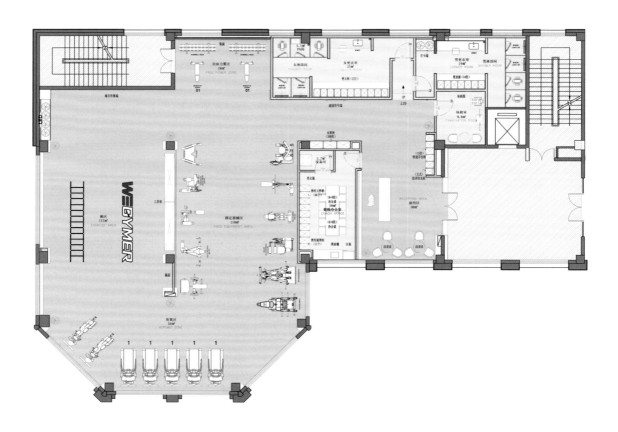

WEGYMER·长沙天翼花园馆1

项目地址：湖南长沙

设计时间：2022 年 3 月

项目面积：900 ㎡

WEGYMER · 长沙天翼花园馆2

项目地址：湖南长沙

设计时间：2022 年 3 月

项目面积：900 ㎡

WEGYMER · 长沙天翼花园馆3

———————

项目地址：湖南长沙

设计时间：2022 年 3 月

项目面积：900 ㎡

WEGYMER·长沙天翼花园馆4

项目地址：湖南长沙

设计时间：2022 年 3 月

项目面积：900 ㎡

WEGYMER·长沙天翼花园馆5

项目地址：湖南长沙

设计时间：2022 年 3 月

项目面积：900 ㎡

WEGYMER · 长沙天翼花园馆6

项目地址：湖南长沙

设计时间：2022 年 3 月

项目面积：900 ㎡

WEGYMER · 长沙天翼花园馆7

项目地址：湖南长沙

设计时间：2022 年 3 月

项目面积：900 ㎡

WEGYMER·长沙天翼花园馆8

项目地址： 湖南长沙

设计时间： 2022 年 3 月

项目面积： 900 ㎡

WEGYMER・长沙天翼花园馆9

项目地址：湖南长沙

设计时间：2022 年 3 月

项目面积：900 ㎡

WEGYMER·长沙天翼花园馆10

项目地址： 湖南长沙

设计时间： 2022 年 3 月

项目面积： 900 ㎡

WEGYMER·长沙天翼花园馆11

项目地址：湖南长沙

设计时间：2022 年 3 月

项目面积：900 ㎡

WEGYMER · 长沙天翼花园馆12

项目地址：湖南长沙

设计时间：2022 年 3 月

项目面积：900 ㎡

WEGYMER · 长沙天翼花园馆13

项目地址：湖南长沙

设计时间：2022 年 3 月

项目面积：900 ㎡

WEGYMER · 长沙天翼花园馆14

项目地址：湖南长沙

设计时间：2022 年 3 月

项目面积：900 ㎡

WEGYMER·长沙天翼花园馆15

项目地址：湖南长沙

设计时间：2022 年 3 月

项目面积：900 ㎡

WEGYMER・长沙天翼花园馆16

项目地址：湖南长沙

设计时间：2022 年 3 月

项目面积：900 ㎡

WEGYMER·长沙天翼花园馆17

项目地址：湖南长沙

设计时间：2022 年 3 月

项目面积：900 ㎡

WEGYMER · 长沙天翼花园馆18

项目地址：湖南长沙

设计时间：2022 年 3 月

项目面积：900 ㎡

◎ WEGYMER·长沙月湖芒果馆 1—16

项目地址：湖南长沙

设计时间：2022 年 7 月

本项目位于湖南省长沙市，项目面积约为 1100m²。

WEGYMER · 长沙月湖芒果馆1

项目地址：湖南长沙

设计时间：2022 年 7 月

项目面积：1100 ㎡

WEGYMER · 长沙月湖芒果馆2

项目地址：湖南长沙

设计时间：2022 年 7 月

项目面积：1100 ㎡

空间方案 / CONCEPTION / 接待区—
WEGYMER·长沙月湖芒果馆

WEGYMER · 长沙月湖芒果馆3

项目地址： 湖南长沙

设计时间： 2022 年 7 月

项目面积： 1100 ㎡

WEGYMER·长沙月湖芒果馆4

项目地址：湖南长沙

设计时间：2022 年 7 月

项目面积：1100 ㎡

WEGYMER · 长沙月湖芒果馆5

项目地址：湖南长沙

设计时间：2022 年 7 月

项目面积：1100 ㎡

WEGYMER · 长沙月湖芒果馆6

项目地址：湖南长沙

设计时间：2022 年 7 月

项目面积：1100 ㎡

WEGYMER · 长沙月湖芒果馆7

项目地址：湖南长沙

设计时间：2022 年 7 月

项目面积：1100 ㎡

WEGYMER·长沙月湖芒果馆8

项目地址：湖南长沙

设计时间：2022 年 7 月

项目面积：1100 ㎡

WEGYMER · 长沙月湖芒果馆9

项目地址：湖南长沙

设计时间：2022 年 7 月

项目面积：1100 ㎡

WEGYMER·长沙月湖芒果馆10

项目地址：湖南长沙

设计时间：2022 年 7 月

项目面积：1100 ㎡

WEGYMER · 长沙月湖芒果馆11

项目地址：湖南长沙

设计时间：2022 年 7 月

项目面积：1100 ㎡

空间方案 / CONCEPTION / 器械区
—
WEGYMER·长沙月湖芒果馆

WEGYMER · 长沙月湖芒果馆12

项目地址：湖南长沙

设计时间：2022 年 7 月

项目面积：1100 ㎡

WEGYMER・长沙月湖芒果馆13

项目地址：湖南长沙

设计时间：2022 年 7 月

项目面积：1100 ㎡

WEGYMER·长沙月湖芒果馆14

项目地址：湖南长沙

设计时间：2022 年 7 月

项目面积：1100 ㎡

WEGYMER · 长沙月湖芒果馆15

项目地址：湖南长沙

设计时间：2022 年 7 月

项目面积：1100 ㎡

WEGYMER · 长沙月湖芒果馆16

项目地址：湖南长沙

设计时间：2022 年 7 月

项目面积：1100 ㎡

◎Eight'·coffee·长沙亿达智造小镇店（八点咖啡）1—18

项目地址：湖南长沙

设计时间：2022年2月

本项目位于湖南省长沙市，项目面积约为120m²。室内设计的整体概念着重于区域划分及以空间流动性为基础，为顾客在视觉上打造完整的咖啡体验环境。首先，颜色锁定在选用灰、白和自然感重的木色三种基调，整体上没有投放多余颜色，希望以简单自然的颜色来突出场地整体和不同区域分布的空间感。

在墙面和顶面选择保留原始混凝土，以裸露质感来打造基本结构与形态，为了与这种粗犷风格形成对比，在家具、部分墙体与天花板上选用白色为基底，营造整体空间干净简洁的氛围感。

1.COFFEE OPERATION AREA
2.COFFEE EXHIBITION
3.OUTDOOR EXHIBITION
4.CANTEEN AREA
5.BEST CREATION'S EXHIBITION
6.LOCKER ROOM

Eight'・coffee・长沙亿达智造小镇店（八点咖啡）1

项目地址：湖南长沙

设计时间：2022 年 2 月

项目面积：120 ㎡

Eight'·coffee·长沙亿达智造小镇店（八点咖啡）2

项目地址：湖南长沙

设计时间：2022 年 2 月

项目面积：120 ㎡

Eight'·coffee·长沙亿达智造小镇店（八点咖啡）3

项目地址：湖南长沙

设计时间：2022 年 2 月

项目面积：120 ㎡

Eight'·coffee·长沙亿达智造小镇店（八点咖啡）4
_____

项目地址：湖南长沙

设计时间：2022 年 2 月

项目面积：120 ㎡

Eight'·coffee·长沙亿达智造小镇店（八点咖啡）5

项目地址：湖南长沙

设计时间：2022 年 2 月

项目面积：120 ㎡

Eight'·coffee·长沙亿达智造小镇店（八点咖啡）6

项目地址：湖南长沙

设计时间：2022 年 2 月

项目面积：120 ㎡

Eight'·coffee·长沙亿达智造小镇店（八点咖啡)7

项目地址：湖南长沙

设计时间：2022 年 2 月

项目面积：120 ㎡

Eight'・coffee・长沙亿达智造小镇店（八点咖啡）8

项目地址：湖南长沙

设计时间：2022 年 2 月

项目面积：120 ㎡

Eight'·coffee·长沙亿达智造小镇店（八点咖啡）9

项目地址：湖南长沙

设计时间：2022 年 2 月

项目面积：120 ㎡

Eight'·coffee·长沙亿达智造小镇店（八点咖啡）10

项目地址：湖南长沙

设计时间：2022 年 2 月

项目面积：120 ㎡

Eight' · coffee · 长沙亿达智造小镇店（八点咖啡）11

项目地址：湖南长沙

设计时间：2022 年 2 月

项目面积：120 ㎡

Eight'·coffee·长沙亿达智造小镇店（八点咖啡）12

项目地址：湖南长沙

设计时间：2022 年 2 月

项目面积：120 ㎡

Eight'·coffee·长沙亿达智造小镇店（八点咖啡）13

项目地址：湖南长沙

设计时间：2022 年 2 月

项目面积：120 ㎡

Eight'·coffee·长沙亿达智造小镇店（八点咖啡）14

项目地址：湖南长沙

设计时间：2022 年 2 月

项目面积：120 ㎡

Eight'・coffee・长沙亿达智造小镇店（八点咖啡）15

项目地址：湖南长沙

设计时间：2022 年 2 月

项目面积：120 ㎡

Eight'·coffee·长沙亿达智造小镇店（八点咖啡）16

项目地址：湖南长沙

设计时间：2022 年 2 月

项目面积：120 ㎡

Eight'·coffee·长沙亿达智造小镇店（八点咖啡）17

项目地址：湖南长沙

设计时间：2022 年 2 月

项目面积：120 ㎡

Eight'·coffee·长沙亿达智造小镇店（八点咖啡）18

项目地址：湖南长沙

设计时间：2022 年 2 月

项目面积：120 ㎡

酒店餐饮空间设计项目

◎株洲华天中西餐厅 1—4

项目地址：湖南株洲

设计时间：2012 年 12 月

本项目位于湖南省株洲市，项目面积约为 1500m²。方案采用茶色玻璃、艺术玻璃、深色木饰面、金属、米黄色大理石、深咖网纹大理石等装饰材料，营造出温馨而又具有浪漫气息的就餐氛围。

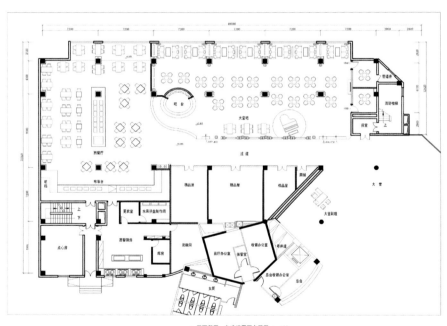

一层西餐厅、咖啡吧平面布置图 1：120

株洲华天中西餐厅1

项目地址：湖南株洲

设计时间：2012 年 12 月

项目面积：1500 ㎡

株洲华天中西餐厅2

项目地址：湖南株洲

设计时间：2012 年 12 月

项目面积：1500 ㎡

株洲华天中西餐厅3

项目地址：湖南株洲

设计时间：2012 年 12 月

项目面积：1500 ㎡

株洲华天中西餐厅4

项目地址：湖南株洲

设计时间：2012 年 12 月

项目面积：1500 ㎡

◎湖南吉首山水间主题酒店 1—15

项目地址：湖南吉首

设计时间：2014 年 2 月

本项目位于湖南省吉首市，项目面积约为 9000m²。山水间主题酒店旨在打造一家具有地域文化的酒店。在拿到甲方的任务书后，我们提出了"三化"，即元素民族化、材料本土化、手法现代化，得到了甲方的一致认可。在完成酒店功能需求和平面定位后，我们开始考察学习，进土家苗寨，品湘西神韵，查阅大量文字资料，三易其稿，最终定位为湖南吉首山水间主题酒店。以悠久的湘西文化为背景，以精致的民族艺术为内涵，以天造地设的地域环境为依托，以科学、环保、健康、再利用、再创造为突破口，以粗犷而巧夺天工的工艺为框架，营造具有强烈视觉冲击力和浓郁民族艺术气息的地道的主题酒店空间，与环境和谐有序、相得益彰。

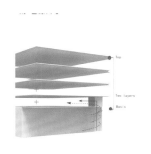 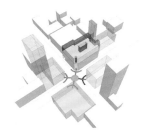 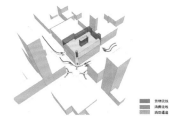

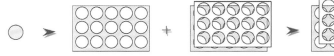 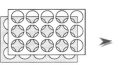 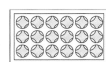

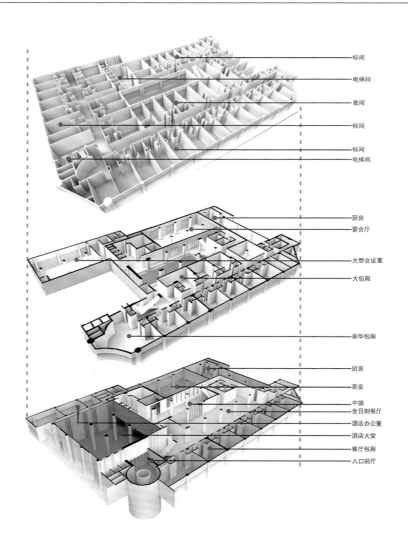

标间
电梯间
套间
标间
标间
电梯间

厨房
宴会厅
大型会议室
大包厢
豪华包厢

厨房
茶室
中庭
全日制餐厅
酒店办公室
酒店大堂
餐厅包厢
入口前厅

湖南吉首山水间主题酒店1

项目地址：湖南吉首

设计时间：2014 年 2 月

项目面积：9000 ㎡

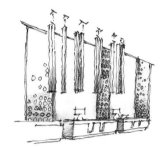

湖南吉首山水间主题酒店6

项目地址：湖南吉首

设计时间：2014 年 2 月

项目面积：9000 ㎡

湖南吉首山水间主题酒店7

项目地址：湖南吉首

设计时间：2014 年 2 月

项目面积：9000 ㎡

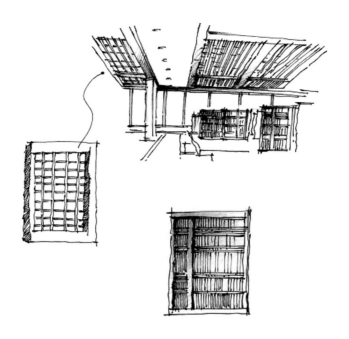

湖南吉首山水间主题酒店8

项目地址：湖南吉首

设计时间：2014 年 2 月

项目面积：9000 ㎡

湖南吉首山水间主题酒店9

项目地址：湖南吉首

设计时间：2014 年 2 月

项目面积：9000 ㎡

湖南吉首山水间主题酒店10

项目地址：湖南吉首

设计时间：2014 年 2 月

项目面积：9000 ㎡

湖南吉首山水间主题酒店11

项目地址：湖南吉首

设计时间：2014 年 2 月

项目面积：9000 ㎡

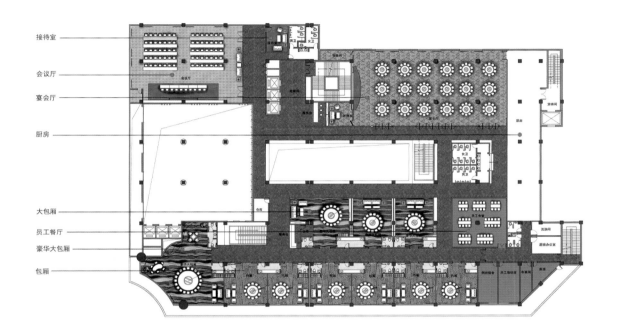

接待室
会议厅
宴会厅
厨房
大包厢
员工餐厅
豪华大包厢
包厢

湖南吉首山水间主题酒店12

项目地址：湖南吉首

设计时间：2014 年 2 月

项目面积：9000 ㎡

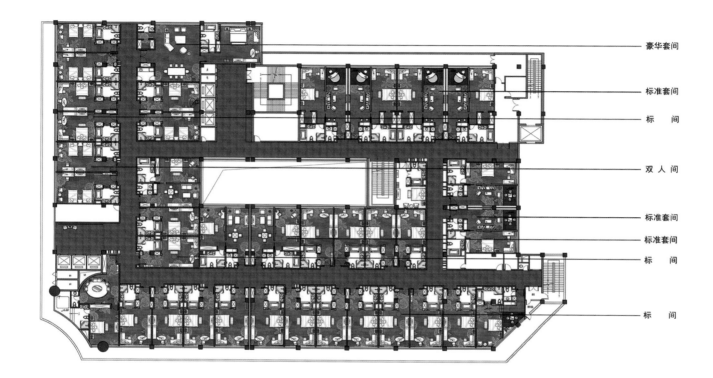

豪华套间

标准套间

标　　间

双 人 间

标准套间

标准套间

标　　间

标　　间

湖南吉首山水间主题酒店13

项目地址：湖南吉首

设计时间：2014 年 2 月

项目面积：9000 ㎡

湖南吉首山水间主题酒店14

项目地址：湖南吉首

设计时间：2014 年 2 月

项目面积：9000 ㎡

湖南吉首山水间主题酒店15

项目地址：湖南吉首

设计时间：2014 年 2 月

项目面积：9000 ㎡

居住空间设计项目

◎徐州滨湖花园雅居 1—7

项目地址：江苏徐州

设计时间：2021 年 1 月

本项目位于江苏省徐州市，方案选用灰色大理石、灰色墙纸、深色木饰面、象牙白烤漆板等装饰材料，试图营造出温馨而又具有现代时尚气息的家居空间环境。

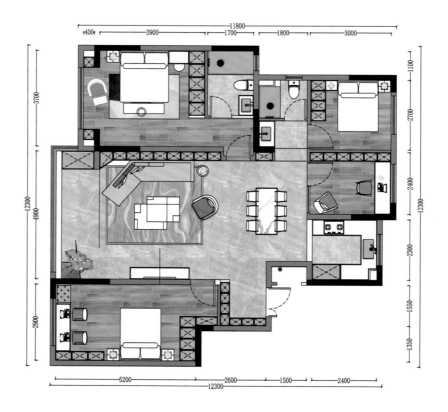

徐州滨湖花园雅居1

项目地址：江苏徐州

设计时间：2021 年 1 月

项目面积：120 ㎡

徐州滨湖花园雅居2

项目地址：江苏徐州

设计时间：2021 年 1 月

项目面积：120 ㎡

徐州滨湖花园雅居3

项目地址：江苏徐州

设计时间：2021 年 1 月

项目面积：120 ㎡

徐州滨湖花园雅居4

项目地址：江苏徐州

设计时间：2021 年 1 月

项目面积：120 ㎡

徐州滨湖花园雅居5

项目地址：江苏徐州

设计时间：2021 年 1 月

项目面积：120 ㎡

徐州滨湖花园雅居6

项目地址：江苏徐州

设计时间：2021 年 1 月

项目面积：120 ㎡

徐州滨湖花园雅居7
————————

项目地址：江苏徐州

设计时间：2021 年 1 月

项目面积：120 ㎡

◎ 徐州橡树湾样板间 1 — 5

项目地址：江苏徐州

设计时间：2017 年 5 月

本项目位于江苏省徐州市，项目面积约为 115m²。方案为现代主义风格，通过爵士白大理石的电视背景墙来彰显空间的美感，通过客餐厅空间的"绿色"点缀来衬托出空间的层次感，凸显空间的灵动性。

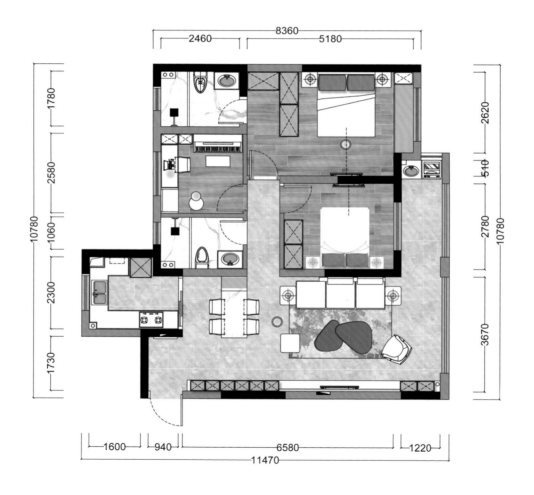

徐州橡树湾样板间1

项目地址：江苏徐州

设计时间：2017 年 5 月

项目面积：115 ㎡

徐州橡树湾样板间2

项目地址：江苏徐州

设计时间：2017 年 5 月

项目面积：115 ㎡

徐州橡树湾样板间3

项目地址：江苏徐州

设计时间：2017 年 5 月

项目面积：115 ㎡

徐州橡树湾样板间4

项目地址：江苏徐州

设计时间：2017 年 5 月

项目面积：115 ㎡

徐州橡树湾样板间5

项目地址：江苏徐州

设计时间：2017 年 5 月

项目面积：115 ㎡

◎ 长沙上林溪雅居 1—18

项目地址：湖南长沙

设计时间：2020 年 5 月

　　本项目位于湖南省长沙市，项目面积约为 126m²。设计师秉持着极简的设计法则，以去繁从简的手法描绘简约且适于当下的布局。抛去多余、过度的装饰材料，保持空间的质感与纯粹。通过将轻与重、冷与暖的元素进行合理的搭配，使得室内空间合理、宁静却不失生动和节奏。客厅因使用场景的不同被划分为两个区域，不同区域间不做具象的分割，而是以融合的姿态强调空间的沟通属性。空间不做刻意多余的装饰，而是在遵循既有使用规则的前提下，配备兼具功能性与美观的物件，勾勒出别具一格的层次感与格调感，中和了空间本身较为严肃的氛围。

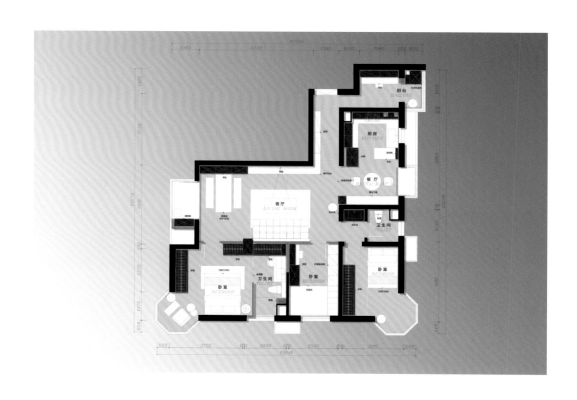

长沙上林溪雅居1

项目地址：湖南长沙

设计时间：2020 年 5 月

项目面积：126 ㎡

长沙上林溪雅居2

项目地址：湖南长沙

设计时间：2020 年 5 月

项目面积：126 ㎡

长沙上林溪雅居7

项目地址： 湖南长沙

设计时间： 2020 年 5 月

项目面积： 126 ㎡

长沙上林溪雅居8

项目地址：湖南长沙

设计时间：2020 年 5 月

项目面积：126 ㎡

长沙上林溪雅居9
_____

项目地址：湖南长沙

设计时间：2020 年 5 月

项目面积：126 ㎡

长沙上林溪雅居10

项目地址：湖南长沙

设计时间：2020 年 5 月

项目面积：126 ㎡

长沙上林溪雅居11
_____

项目地址：湖南长沙

设计时间：2020 年 5 月

项目面积：126 ㎡

长沙上林溪雅居12

项目地址：湖南长沙

设计时间：2020 年 5 月

项目面积：126 ㎡

长沙上林溪雅居13

项目地址：湖南长沙

设计时间：2020 年 5 月

项目面积：126 ㎡

长沙上林溪雅居14

项目地址：湖南长沙

设计时间：2020 年 5 月

项目面积：126 ㎡

长沙上林溪雅居15

项目地址：湖南长沙

设计时间：2020 年 5 月

项目面积：126 ㎡

长沙上林溪雅居16

项目地址：湖南长沙

设计时间：2020 年 5 月

项目面积：126 ㎡

长沙上林溪雅居17

项目地址：湖南长沙

设计时间：2020 年 5 月

项目面积：126 ㎡

长沙上林溪雅居18

项目地址：湖南长沙

设计时间：2020 年 5 月

项目面积：126 ㎡

长沙西江花园雅居4

项目地址：湖南长沙

设计时间：2020 年 12 月

项目面积：120 ㎡

长沙西江花园雅居5

项目地址：湖南长沙

设计时间：2020 年 12 月

项目面积：120 ㎡

长沙西江花园雅居6

项目地址：湖南长沙

设计时间：2020 年 12 月

项目面积：120 ㎡

长沙西江花园雅居7

项目地址：湖南长沙

设计时间：2020 年 12 月

项目面积：120 ㎡

长沙西江花园雅居8

项目地址：湖南长沙

设计时间：2020 年 12 月

项目面积：120 ㎡

长沙西江花园雅居9

项目地址：湖南长沙

设计时间：2020 年 12 月

项目面积：120 ㎡

长沙西江花园雅居10

项目地址：湖南长沙

设计时间：2020 年 12 月

项目面积：120 ㎡

长沙西江花园雅居11

项目地址： 湖南长沙

设计时间： 2020 年 12 月

项目面积： 120 ㎡

◎ 徐州某私宅雅居 1 —19

项目地址：江苏徐州

设计时间：2021 年 9 月

本项目位于江苏省徐州市，项目面积约为 116m²。室内联动的形式让实际的空间功能变得逐渐模糊，强调了内在的情感联系和空间趣味，构筑了融洽和谐的室内氛围和理想的生活状态，一切设计围绕人的需求，基于需求体现功能原则，考虑空间功能性适应居住者的生活习惯，着重空间形式的定义，不同材质给予我们不同的反馈，案例底层暖白的质感氛围提升了整体空间温度，给予居住者身心平静的感觉和依靠。

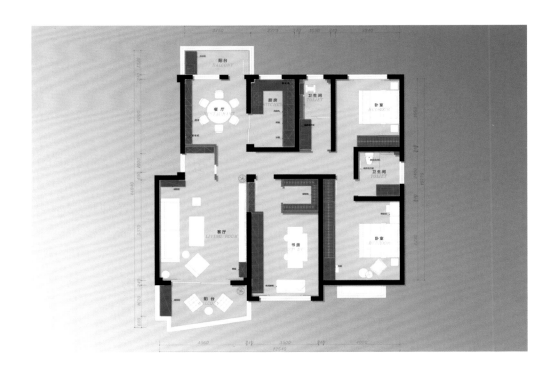

徐州某私宅雅居1

项目地址：江苏徐州

设计时间：2021 年 9 月

项目面积：116 ㎡

徐州某私宅雅居2

项目地址：江苏徐州

设计时间：2021 年 9 月

项目面积：116 ㎡

徐州某私宅雅居3
—————

项目地址：江苏徐州

设计时间：2021 年 9 月

项目面积：116 ㎡

徐州某私宅雅居4
————————

项目地址：江苏徐州

设计时间：2021 年 9 月

项目面积：116 ㎡

徐州某私宅雅居5

项目地址：江苏徐州

设计时间：2021 年 9 月

项目面积：116 ㎡

徐州某私宅雅居6
————

项目地址：江苏徐州

设计时间：2021 年 9 月

项目面积：116 ㎡

徐州某私宅雅居7

项目地址：江苏徐州

设计时间：2021 年 9 月

项目面积：116 ㎡

徐州某私宅雅居8

项目地址：江苏徐州

设计时间：2021 年 9 月

项目面积：116 ㎡

徐州某私宅雅居9

项目地址：江苏徐州

设计时间：2021 年 9 月

项目面积：116 ㎡

徐州某私宅雅居10

项目地址：江苏徐州

设计时间：2021 年 9 月

项目面积：116 ㎡

徐州某私宅雅居11

项目地址：江苏徐州

设计时间：2021 年 9 月

项目面积：116 ㎡

徐州某私宅雅居12

项目地址：江苏徐州

设计时间：2021 年 9 月

项目面积：116 ㎡

徐州某私宅雅居13

项目地址：江苏徐州

设计时间：2021 年 9 月

项目面积：116 ㎡

徐州某私宅雅居14

项目地址：江苏徐州

设计时间：2021 年 9 月

项目面积：116 ㎡

徐州某私宅雅居15

项目地址：江苏徐州

设计时间：2021 年 9 月

项目面积：116 ㎡

徐州某私宅雅居16

项目地址：江苏徐州

设计时间：2021 年 9 月

项目面积：116 ㎡

徐州某私宅雅居17

项目地址：江苏徐州

设计时间：2021 年 9 月

项目面积：116 ㎡

徐州某私宅雅居18

项目地址：江苏徐州

设计时间：2021 年 9 月

项目面积：116 ㎡

徐州某私宅雅居19

项目地址：江苏徐州

设计时间：2021 年 9 月

项目面积：116 ㎡

◎ 徐州恒大雅居 1 — 6

项目地址：江苏徐州

设计时间：2022 年 1 月

本项目位于江苏省徐州市，项目面积约为 108m²。留白设计以其空白理念，给予不同光源蔓延四周的契机，在转折处勾勒木元素，串联起各个区域的自然情境，借用空间的布置形态提供可自由延伸的动线。增添黑调展柜，以繁显简，彰显设计美学。

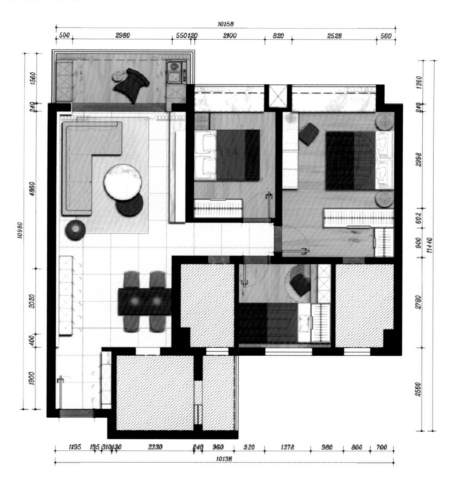

徐州恒大雅居1

项目地址：江苏徐州

设计时间：2022 年 1 月

项目面积：108 ㎡

徐州恒大雅居2

项目地址：江苏徐州

设计时间：2022 年 1 月

项目面积：108 m²

徐州恒大雅居3

项目地址：江苏徐州

设计时间：2022 年 1 月

项目面积：108 ㎡

徐州恒大雅居4

项目地址：江苏徐州

设计时间：2022 年 1 月

项目面积：108 ㎡

徐州恒大雅居5

项目地址：江苏徐州

设计时间：2022 年 1 月

项目面积：108 ㎡

徐州恒大雅居6

———————

项目地址：江苏徐州

设计时间：2022 年 1 月

项目面积：108 ㎡